总序

我国作为一个发展中的人口大国，资源环境问题是长期制约经济社会可持续发展的重大问题。党中央、国务院高度重视环境保护工作，提出了建设生态文明、建设资源节约型与环境友好型社会、推进环境保护历史性转变、让江河湖泊休养生息、节能减排是转方式调结构的重要抓手、环境保护是重大民生问题、探索中国环保新道路等一系列的新理念新举措。在科学发展观的指导下，“十一五”环境保护工作成效显著，在经济增长超过预期的情况下，主要污染物减排任务超额完成，环境质量持续改善。

随着当前经济的高速增长，资源环境约束进一步强化，环境保护正处于负重爬坡的艰难阶段。治污减排的压力有增无减，环境质量改善的压力不断加大，防范环境风险的压力持续增加，确保核与辐射安全的压力继续加大，应对全球环境问题的压力急剧加大。要破解发展经济与保护环境的难点，解决影响可持续发展和群众健康的突出环境问题，确保环保工作不断上台阶、出亮点，必须充分依靠科技创新和科技进步，构建强大坚实的科技支撑体系。

2006 年，我国发布了《国家中长期科学和技术发展规划纲要（2006—2020 年）》（以下简称《规划纲要》），提出了建设创新型国家战略，使科技事业进入了发展的快车道，环保科技也迎来了蓬勃发展的春天。为适应环境保护历史性转变和创新型国家建设的要求，原国家环境保护总局于2006年召开了第一次全国环保科技大会，出台了《关于增强环境科技创新能力的若干意见》，确立了科技兴环保战略，建设了环境科技创新体系、环境标准体系、环境技术管理体系三大工程。五年来，在广大环境科技工作者的努力下，水体污染控制与治理科技重大专项启动实施，科技投入持续增加，科技创新能力显著增强；发布了502项新标准，现行国家标准达1 263项，环境标准体系建设实现了跨越式发展；完成了100余项环保技术文件的制修订工作，初步建成以重点行业污染防治技术政策、技术指南和工程技术规范为主要内容的国家环境技术管理体系。环境科技为全面完成“十一五”环保规划的各项任务起到了重要的引领和支撑作用。

为优化中央财政科技投入结构，支持市场机制不能有效配置资源的社会公益研究活动，“十一五”期间国家设立了公益性行业科研专项经费。根据财政部、科技部的总体部署，环保公益性行业科研专项紧密围绕《规划纲要》和《国家环境保护“十一五”科技发展规划》确定的重点领域和优先主题，立足环境管理中的科技需求，积极开展应急性、培育性、基础性科学研究。“十一五”期间，环境保护部组织实施了公益性行业科研专项项目234项，涉及大气、水、生态、土壤、固废、核与辐射等领域，共有包括中央级科研院所、高等院校、地方环保科研单位和企业等几百家单位参与，逐步形成了优势互补、团结协作、良性竞争、共同发展的环保科技“统一战线”。目前，专项取得了重要研究成果，提出了一系列控制污染和改善环境质量的技术方案，形成一批环境监测预警和监督管理的技术体系，研发出一批与生态环境保护、国际履约、核与辐射安全相关的关键技术，提出了一系列环境标准、指南和技术规范的建议，为解决我国环境保护和环境管理中急需的成套技术和政策制定提供了重要的科技支撑。

为广泛共享“十一五”期间环保公益性行业科研专项项目研究成果，及时总结项目组织管理经验，环境保护部科技标准司组织出版“十一五”环保公益性行业科研专项经费系列丛书。该丛书汇集了一批专项研究的代表性成果，具有较强的学术性和实用性，可以说是环境领域不可多得的资料文献。丛书的组织出版，在科技管理上也是一次很好的尝试，我们希望通过这一尝试，能够进一步活跃环保科技的学术氛围，促进科技成果的转化与应用，为探索中国环保新道路提供有力的科技支撑。

中华人民共和国环境保护部副部长

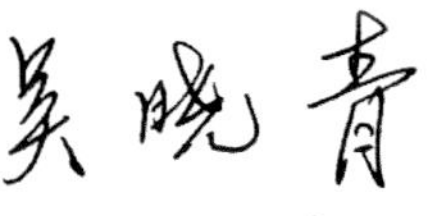

2011 年 10 月

目录

什么是黑碳？

黑碳（通常又称碳黑，Black Carbon，BC）是一种煤、生物质或柴油燃料在不完全燃烧过程中产生的固体颗粒物。黑碳作为一种污染物，对公众健康和气候变化都有着独特的影响。

黑碳的来源可分为自然源和人为源两种。自然源排放如火山爆发、森林大火等具有区域性和偶然性，而人为源排放却是长期的和持续的。人为源主要来自生产和生活中的生物燃料燃烧、居民使用传统技术燃煤、工业、交通以及道路扬尘。目前，传统技术的电力、钢铁、水泥、有色金属、造纸、制革、印染等行业的落后技术已经被淘汰或者更新，但是交通领域中的柴油车对于黑碳的贡献率依然很高，全球黑碳排放比例见下图。

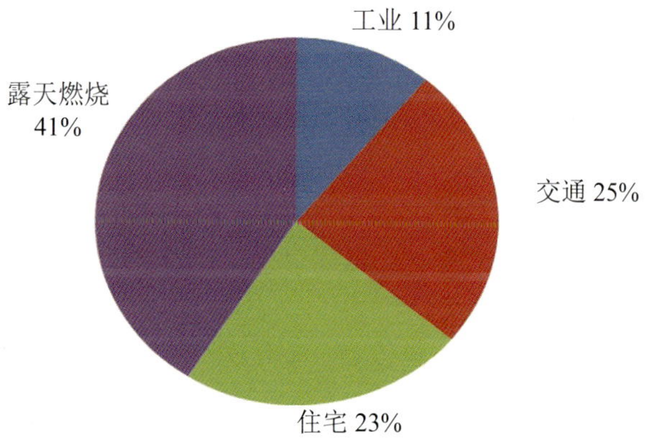

2000 年来自所有源的全球黑碳排放比例

黑碳有多大?

黑碳特别小。柴油车排放的黑碳直径为 100 纳米左右。做个比较，一根头发的直径为 70 000 纳米左右！黑碳的形状多种多样，如下图所示。

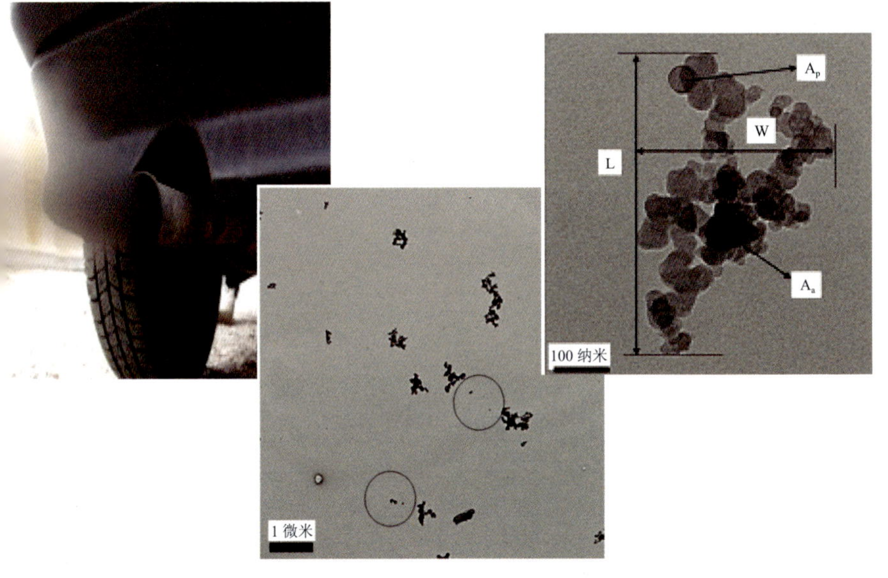

黑碳
对人体健康的影响

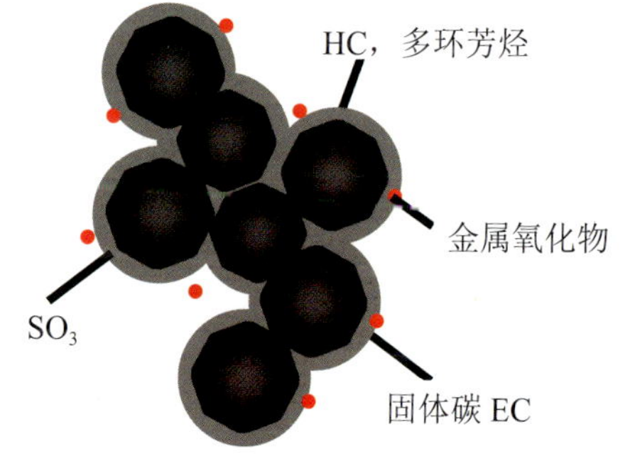

柴油车直接和间接排放的颗粒物和黑碳的粒径都很小。这些细小的颗粒物本身就是有害物质，而那些致癌、致畸、致突变的物质可以附着在颗粒物上面。这些有毒有害物质随着呼吸进入人体肺部，对人体健康造成非常大的威胁，特别是对于老人、儿童和患有心肺功能疾病的人。

粒径大的黑碳粒子易被呼吸道阻留，部分

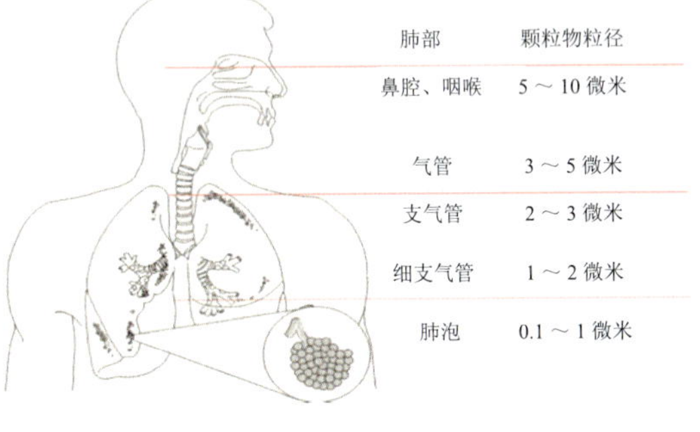

颗粒物不同粒径对人体健康的影响

由咳嗽、吐痰等排出体外，但是会对局部黏膜产生刺激作用，容易引起慢性鼻炎、咽喉炎。而小的黑碳粒子可直接进入肺部使人致病，特别是 0.01 ～ 0.1 微米粒径的粒子有 50% 会沉积在肺中造成肺部硬化，对人体健康造成极大的威胁。细

颗粒可以通过呼吸系统直接进入人体，其中有毒有害物质可以被血液和人体组织吸收，对人体健康造成危害。细颗粒导致的常见疾病包括：上呼吸道感染、哮喘、结膜炎、支气管炎、眼部和咽喉肿痛、咳嗽、鼻炎、皮疹以及心血管紊乱等。在过去的10年里，世界各地的众多研究表明，随着人们靠近繁忙道路的时间增多，呼吸系统的发病率会随之上升，同时死亡率也会上升。

黑碳 对于气候变化的影响

黑碳通常“游走”于距离地面2～5公里的高空，不断“加热”着大气。黑碳对气候变化的影响仅次于二氧化碳和甲烷，因为黑碳对光（包括紫外线和可见光波段）的吸收能力很强，会将光能转化为热能释放出来，是公认的会导致全球气候变化的温室效应的因素之一；而且，当黑碳沉积在冰川上以后，一方面吸收热量，另一方面降低了冰川对太阳光

的反射率，使冰川加速融化。

ICCT（International Council on Clean Transportation，国际清洁交通委员会）的研究表明，黑碳 20 年的温室效应潜能是二氧化碳的 1 600 倍，比之前预想的要高出很多。与其他温室气体不同的是，黑碳在空气中存在的时间相对较短，通常只会存在几天到几周的时间。相对于二氧化碳，黑碳的温室效应是短暂的、区域性的，所以黑碳的减排效果也更容易在短时间内显现出来。因此，减少黑碳的排放是在短期内快速减轻气候变化的一种重要手段，无论从保护公众健康还是减缓气候变化的角度都应该控制黑碳的排放。加速冰川融化，仅仅是黑碳气候效应的“冰山一角”。实际上，黑碳更像是一个“两面派”：一边“加热”大气，一边也为地面“遮光”。研究表明，若把地球作为一个整体来看，黑碳可以和二氧化碳一样产生温室效应。

黑碳与“温室效应”

“温室效应”指的是能在大气中吸收地面反射的太阳辐射，并重新发射辐射，使地球表面变得更温暖的效应。“温室效应”类似于温室截留太阳辐射，并能够产生加热温室内空气的作用。水汽（H_2O）、二氧化碳（CO_2）、氧化亚氮（N_2O）、甲烷（CH_4）和臭氧（O_3）都是很早就被人们认识的温室气体。近些年来，随着人类社会黑碳排放的持续增加，黑碳的温室效应及其对气候变化

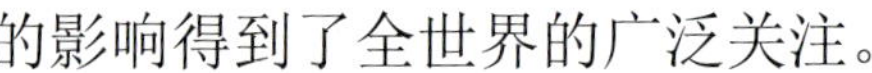
的影响得到了全世界的广泛关注。

什么是气候变化

《联合国气候变化框架公约》（UNFCCC）第一章中，将“气候变化”定义为：“经过相当一段时间的观察，在自然气候变化之外由人类活动直接或间接地改变全球大气组成所导致的气候变化，并且这种变化与气候的自然变化率相叠加。”

气候变化对地球和人类的影响

海平面上升

随着地球增暖，南北两半球的冰川与积雪总体上呈现退缩的态势。冰川与积雪的消融、格陵兰和南极冰盖的损耗以及海水的受热膨胀，直接造成了海平面的上升。

影响地球生态系统

生态系统内各要素在长期进化中所形成的相互作用关系，可能因温度的迅速攀升和其他气候因子的快速变化而被打破，

直接影响生态系统的稳定和功能的正常。比如，引起鸟类的迁徙时间以及植物的开花时间发生变化等。

影响陆地水文系统

由于气候变暖的影响，山地冰川与积雪不断退缩，水贮藏量逐渐减少。早春凌汛与最大来水洪峰时间都出现了提前，而夏季、秋季的来水量在减少。

机动车的黑碳排放情况

2009年，我国首次成为世界汽车产销第一大国，机动车污染日益严重，机动车尾气排放成为我国大中型城市空气污染的主要来源。尤其是大中型城市空气污染已经呈现出煤烟型和汽车尾气

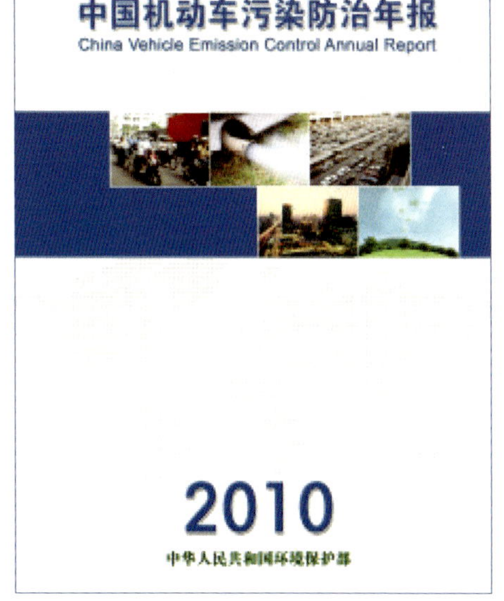

复合型污染的特点，加剧了大气污染治理的难度。同时，我国一些地区酸雨、灰霾和光化学烟雾等区域性大气污染问题频繁发生，这些问题的产生都与机动车排放的氮氧化物、细颗粒物等污染物直接相关。根据环境保护部发布的《中国机动车污染防治年报 2010》显示，2009 年，全国机动车排放污染物 5 143.3 万吨，其中一氧化碳（CO）4 018.8 万吨、碳氢化合物（HC）482.2 万吨、氮氧化物（NO_x）583.3 万吨、颗粒物（PM）59.0 万吨。

颗粒物是直接与黑碳相关的污染物，机动车排放的颗粒中所含的黑碳排放，不但日益影响着我国大中型城市的空气质量，而且成为公认的黑碳排放的重要源之一。通过降低机动车黑碳和颗粒排放，能够改善城市空气质量和减少对全球气候变化的影响。

柴油车的黑碳治理技术

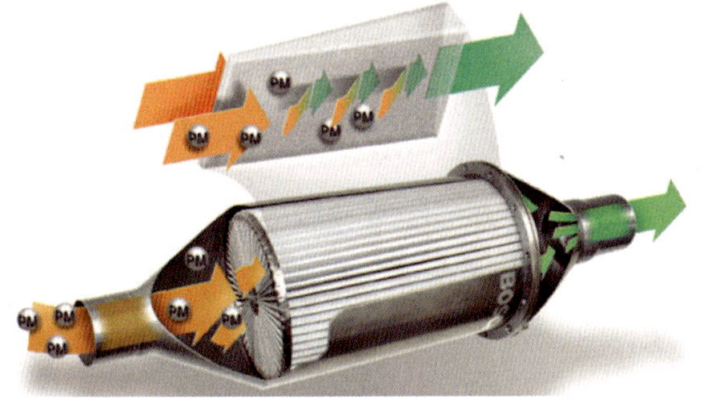

颗粒物捕集器（DPF）

柴油车排放的黑碳大约占黑碳总排放量的25%。柴油车排放的颗粒物中存在一定比例的黑碳。目前，国际上净化柴油机排放的颗粒物主要是使用颗粒物捕集器（Diesel Particulate Filter，

DPF）技术，它对黑碳的净化效率可达 90% 以上。

柴油车的颗粒物（PM）排放量通常要比汽油机高 30 ～ 60 倍，对公众健康威胁很大。颗粒物捕集器内部具有一种孔隙极微小、能捕获微粒物的过滤介质，可以过滤 90% 以上干的或吸附着可溶性有机成分的碳烟，但这种技术对燃料的硫含量要求比较苛刻。目前，在我国普及这种技术的主要瓶颈是缺少超低硫含量的柴油。

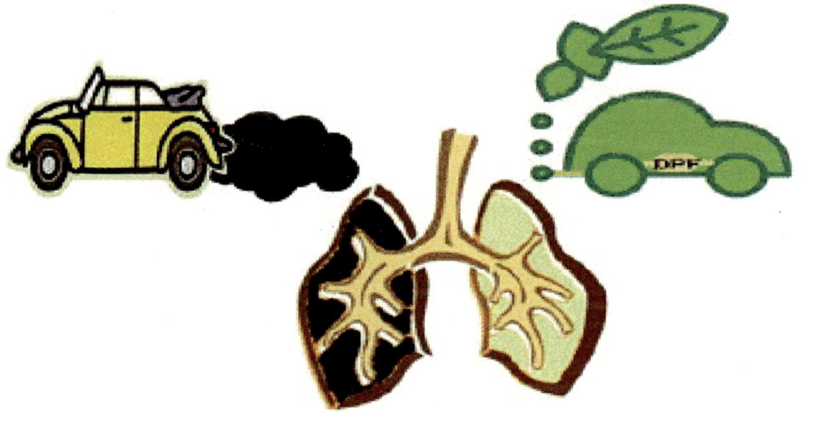

柴油车排放黑碳的治理效果

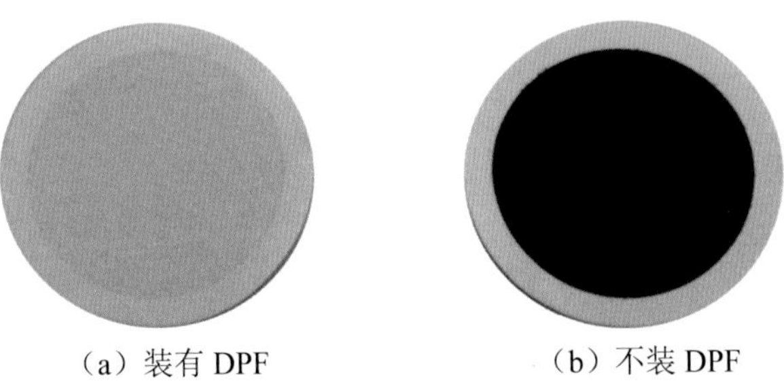

（a）装有 DPF　　（b）不装 DPF

同一款发动机装与不装 DPF 的滤膜对比

通过同一款发动机装与不装颗粒物捕集器（DPF）的效果对比看到，DPF 对于柴油车排放的颗粒物去除率很高，净化效果明显。

在北京奥运会期间，北京市环保局进行了100辆车的示范改造，加装了DPF，并取得了良好的效果。

低碳环保，从我做起

开车出行，我们应该做到……

1. 开车时，尽量减少怠速时间，停车超过 30 秒请熄火。
2. 尽量开车窗通风，不开空调。
3. 如必须开空调，请先打开一前一后对角车窗，先将车内热风吹出，再打开空调。
4. 尽量避免在高温、日照强烈的时间加油，选择清晨、傍晚、夜晚及阴雨天气加油。
5. 将车停在阴凉且通风良好的地方，不但可以使车内凉爽，减少空调的使用，还可以减少 VOCs（挥发性有机化合物）的蒸发排放。如无阴凉、通风的车位，可使用防晒车罩来减少 VOCs 的排放。

6. 不要超载。清理你的行李箱，避免长时间搭载不必要的重物。

7. 平稳加速。行驶中对路面情况要有预见性，避免盲目加速和紧急制动。根据路面选择合适的挡位，不要长时间用低速挡行驶。一般选择经济车速（中等负荷）发动机 1500 ～ 2500 转 / 分行驶。

8. 要定期保养和维修你的爱车，彻底杜绝滴漏油现象，确保轮胎气压正确，将车辆保持在最好状态。

9. 加油不加满，只加至油箱容量的 80%，可以减少遗洒。

10. 加油时，尽量缩短打开油箱盖的时间，减少油气的挥发。

11. 注意车体和轮胎的清洁，可以减少道路扬尘。
12. 倡议出行避开高峰期，早上早半小时，晚上晚半小时即可避开拥堵。
13. 购买新车时请选择低排量环保车型。
14. 在路上发现冒黑烟的车，请及时向相关部门举报。

我们提倡绿色出行

绿色出行就是采用效率高、对健康有益、对环境危害最小的方式出行。最常见的绿色出行方式包括乘坐公共交通、步行、骑自行车和拼车等。

建议你尽量少开车，上下班选择公共汽车、地铁、城铁等方式出行。步行和骑自行车的方式是最环保的。

HEITAN
NI LIAOJIE MA

ISBN 978-7-5111-1636-9
9 787511 116369 >
定价：8.00 元